浙江省近年来水稻白叶枯病发病情况

三门县花桥镇(2013年)春优84

仙居县下各镇(2013年)

浙江省近年来水稻白叶枯病发病情况

衢州市衢江区高家镇(2013年)钱优0508、两优6362、甬优9、越优9113

仙居县下各镇(2014年)甬优15

诸暨市王家井镇(2013年)嘉优2号

诸暨市王家井镇(2014年)嘉优2号

浙江省近年来水稻白叶枯病发病情况

绍兴市柯桥区兰亭镇(2013年)

温岭市大溪镇(2013年)甬优17

浙江省近年来水稻白叶枯病发病情况

临海市小芝镇(2013年)

永康市江南街道(2013年)

浙江省近年来水稻白叶枯病发病情况

杭州市江干区笕桥镇(2013年)钱优 甬优 浙优

杭州市江干区笕桥镇(2014年)钱优 浙优

浙江省近年来水稻白叶枯病发病情况

武义县桐琴镇(2013年)甬优9号

宁海县长街镇(2013年)甬优9号

浙江省近年来水稻白叶枯病发病情况

平阳县鳌江镇(2014年)甬优17号

温州市鹿城区藤桥镇(2013年)甬优9号

浙江省近年来水稻白叶枯病发病情况

象山县泗洲头镇(2014年)甬优15号

宁波鄞州区云龙镇(2014年)籼优

浙江省近年来水稻白叶枯病发病情况

海盐县于城镇(2014年)甬优538 钱优

湖州市南浔区双林镇(2014年)甬优538　钱优

浙江省近年来水稻白叶枯病发病情况

舟山市定海区马岙镇(2014年)甬优15号

丽水市莲都区碧湖镇(2014年)甬优9号

浙江省近年来水稻白叶枯病发病情况

平阳县昆阳镇(2015年)中早39

平阳县昆阳镇(2015年)中早39

水稻白叶枯病
监测预报与综合防治

王华弟　主编

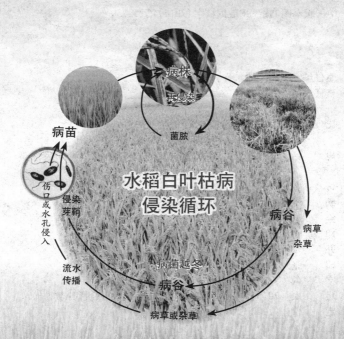

病株

再侵染

菌脓

病苗

水稻白叶枯病
侵染循环

伤口或水孔侵入

侵染芽鞘

病谷

病草杂草

流水传播

病菌越冬

病谷

病草或杂草

中国农业科学技术出版社

图书在版编目（CIP）数据

水稻白叶枯病监测预报与综合防治/王华弟主编.—
北京：中国农业科学技术出版社，2015.12
ISBN 978-7-5116-2335-5

Ⅰ.①水… Ⅱ.①王… Ⅲ.①水稻-白叶枯病-农业
防治 Ⅳ.①S435.111.4

中国版本图书馆CIP数据核字（2015）第252739号

责任编辑 闫庆健 鲁卫泉
责任校对 贾海霞

出 版 者 中国农业科学技术出版社
         北京市中关村南大街12号 邮编：100081
电   话 （010）82106632（编辑室） （010）82109704（发行部）
         （010）82109709（读者服务部）
传   真 （010）82106625
网   址 http://www.castp.cn
经 销 者 各地新华书店
印   刷 北京富泰印刷有限责任公司
开   本 787mm×1092mm 1/32
印   张 2.875
字   数 58千字
版   次 2015年12月第1版 2015年12月第1次印刷
定   价 12.00元

内容简介

　　水稻是我国重要的粮食作物,白叶枯病是水稻的主要病害之一,对水稻高产稳产构成极大威胁。本书在总结各地水稻白叶枯病防治经验、特别是课题组多年协作攻关取得新成就、新成果的基础上撰著而成。系统介绍了水稻白叶枯病病原、发病症状、抗病基因、寄主植物、侵染循环、流行规律、危害损失、测报办法和综合防治技术,并附有彩图38幅,水稻细菌性病害症状识别与防治表,水稻白叶枯病测报参考资料等。本书内容新颖、资料丰富、图文并茂,集研究、应用为一体,可供基层农业技术人员、植保专业组织以及农民培训使用,也可以作为农业科研和教学人员的参考书。

前　言

　　水稻是我国重要的粮食作物，白叶枯病是水稻的主要病害之一。近年来，随着水稻种植格局和品种变化、灾害性天气多发，水稻白叶枯病发病呈明显上升趋势，对水稻高产稳产构成极大威胁。

　　为了探索水稻白叶枯病的发病流行规律与综合防控技术，在浙江省科技项目、省"三农六方"等项目支持下，我们开展了水稻白叶枯病抗原筛选、抗病育种、流行规律、监测预警与综合防治技术研究，在多年试验研究取得进展和防治实践经验总结的基础上，编写了这本小册子，重点介绍了水稻白叶枯病的症状识别、病原、抗病基因、寄主植物、侵染循环、流行规律、危害与损失、监测预警与综合防治技术，并附有水稻细菌性病害症状识别与防治简表等，图文并茂，可供基层农业技术人员、植保专业合作组织以及农民培训使用。

　　本书在编写过程中得到浙江省重大科技攻关项目、浙江省"三农六方"科技项目、浙江省农业科学院病毒学与生物技术研究所、浙江省农药检定管理所、宁波市农业科学研究院、嘉兴市农业科学研究院、台州市农业科学研究院、温州市植保站、温岭市植保站、桐庐县农业技术推广中心、遂昌县农业局、临安市农业技术推广中心等的大力支持，浙江农林大学张传清教授、浙江省植物保护检疫局张左生研究员等给予热情帮助，并提供水稻白叶病部分图片，在此特别感谢。

　　由于编写时间匆促，限于水平，错误和不妥之处在所难免，期望读者批评指正。

编　者

目　录

一、概　述

　　白叶枯病是水稻的主要病害之一。该病是一种由细菌引起的病害，病菌能经水流传播，并通过小孔、伤口侵入水稻，一般在受洪涝和台风暴雨袭击的年份，引起病害的流行(图1)。水稻因白叶枯病的危害引起的损失，一般为10%～30%，发病严重的可达50%，甚至90%以上。发病的轻重和对水稻影响的大小与发病早迟有关，抽穗期发病，剑叶枯死，往往造成瘪粒，千粒重降低，对产量影响很大；灌浆后发病，则损失较小。

　　国外如日本早在1908年以前已发现白叶枯病，现主要分布于亚洲地区，发生较重的国家有日本、菲律宾、印度、巴基斯坦、印度尼西亚等国；其次是泰国、马来西亚、新加坡、斯里兰卡、朝鲜、越南、柬埔寨。此外，在澳大利亚、古巴等国也有发生。

　　我国在20世纪30—40年代前，白叶枯病在江、浙一带已有发生。目前，在国内的水稻产区，除新疆和东北的北部以外，几乎都有分布，其中，华东、华中和华南是老病区，每年都有不同程度的危害。近年来，随着水稻种植格局和品种变化、灾害性天气多发，水稻白叶枯病发生呈明显上升趋势，如2014年浙江省夏秋季遇长期多雨寡照天气影响，

图1 水稻白叶枯病发病症状
（①②叶片发病，③苗期发病，④抽穗期发病症状）

晚稻白叶枯病普遍发生，对水稻高产、稳产构成极大威胁。

水稻白叶枯病的研究和防治，始于20世纪50年代中期，浙江、江苏、江西、安徽、湖北等省对水稻白叶枯病进行系统的调查总结和试验研究，如江苏省从发病因素、病菌来源等调查研究入手，明确了传病的菌源以稻种为主；同时，发现病稻草是病区传播的主要菌源。浙江等地研究表明，水稻白叶枯病可以通过淹水传病，在明确"毒水"传病的基础上，提出病菌通过水在秧苗期感染可引起后期病害的暴发，通过综合防治基本控制了白叶枯病的危害。20世纪70—90年代是白叶枯病发生危害较重时期，国内科研院所、教学单位和农业植保部门对病害发生流行规律和影响因素、监测预报和防治技术进行了不少研究，制定了水稻白叶枯病测报调查办法，进行田间系统调查和预测预报，开展数理统计、模型预测，提出病害的防治策略和农业与药剂防治相结合的综合防治技术，贯彻"预防为主、综合防治"植保方针，较好地控制了病害的发生流行危害。

　　进入21世纪以来，水稻白叶枯病发生出现新变化。针对病害流行频率有所提高、防控难度加大、潜在安全隐患大的实际，浙江省农科院联合中国水稻研究所、宁波市农科院、浙江省植物保护检疫局、浙江省农药检定管理所、桐庐、温岭、临海、宁波、温州市植保站等开展多年协作调查试验研究与推广应用，在水稻白叶枯病抗源筛选与监测预警、防控技术研究等方面取得较大进展。一是利用高通量测序、HRM标记等新技术进行图位克隆和新种质的抗性鉴定，从现有广谱抗性抗病突变体材料中，克隆出水稻抗白叶枯病相关新基因2个。二是综合利用水稻基因芯片、双向电泳技术和荧光叶绿素等新技术对水稻抗病机理进行研究，建立了第一、二代双向电泳技术的植物蛋白质组学技术平台，筛选出抗病候选蛋白4个，发现疣粒野生稻Rubisco活化酶除了活化Rubisco外，还可能参与白叶枯病的抗病过程，且这一过程受侵染早期激增的超氧物质的诱导，阐明了水稻抗病及抗病性退化的机制。三是利用分子辅助育种获得"雪珍"、"寒香"、"寒珍"新品种（系）3个，其中获品种权受理1个。四是探明了白叶枯病发病流行规律与暴发成灾因子，测定了危害与损失关系，制订预测预报方法，建立中长期预测模型，平均预测准确率达90%以上。五是研究筛选出噻菌铜、噻唑锌等高效安全的防治药剂，提出适宜的施药技术。六是提出科学的防治策略，集成了一套以监测预警、抗病育种为基础，农业和药剂防治相结合的综合防治与可持续控制技术。该项成果在温州、台州、杭州、宁波等地示范与推广应用，有效地控制了病害的发生危害，节本增效，取得了显著的经济和社会效益，为病害的可持续治理、保障水稻生产安全打下了坚实的基础。

二、症　状

主要危害叶片，也可侵染叶鞘，由于发病条件、侵入时期和侵染部位不同，不仅症状上有差异，还表现出局部侵染和系统侵染的区别。

　　早稻秧苗在较低温度下生长，受病菌侵染后，因菌量少，发展缓慢，尽管带菌，但不显现症状，只有在高温下的连作晚稻秧苗可见症状。病斑短条状，发生于下部叶片的尖端或边缘，形小而狭，扩展后，叶片很快黄枯雕萎。这种带菌苗或病苗，移栽大田后，只要条件适宜，就会发病，成为中心病株，扩展为发病中心。

　　水稻白叶枯病成株期的症状有5种(图2)。

(一)叶缘型

　　是最常见的典型病斑。发病先从叶尖或叶缘开始，初为暗绿色水渍状短侵染线，很快变成暗绿色，然后在侵染线周围形成淡黄白色病斑，继续扩展，沿叶缘两侧或中肋向上下延伸，转为黄褐色，最后呈枯白色。症状因品种而异，籼稻病斑多为橙黄色，粳稻病斑多为灰褐色。病斑边缘有时呈不规则的波纹状，与健部界限明显。另外在病斑发展的先端还有黄绿相间的断续条斑，也有的在分界处显示暗绿色变色部分。这些特征都与机械损伤或生理因素造成的叶端枯白有区别。

(二)急性型

　　主要发生于多肥栽培、易感品种和温湿度适宜的情况，如连续阴雨、高湿闷热等极有利于病害发展，病叶灰绿色，迅速失水，向内卷曲呈青枯状，此种症状出现，表示病害正在急剧发展，可作为预测指标之一。

图2　水稻白叶枯病症状类型

（①叶缘型、中脉型，②急性型，③雕萎型，④黄化型）

（三）雕萎型

一般不常见，多见于杂优系统及一些高感品种，先于苗期侵染，病苗移栽后约30天，能致叶片枯萎，并向其他分蘖扩展，病叶迅速失水、青枯，起初在分蘖期的心叶或邻近叶片上发病，此病重的逐步扩展到下部和周围叶片的尖端或边缘，再发展到全株，心叶不能正常开展，逐渐枯死，犹如螟害造成的枯心，可引起全株死亡，病株基部叶鞘内充满黏稠菌液，无臭味。剥开病叶，切断病节或病叶鞘，用手挤压，可溢出大量黄色菌脓。切片镜检，可见病组织的维管束充满细菌。

（四）中脉型

水稻自分蘖期或孕穗期起，在剑叶或其下一、二叶，少数在三叶的中脉中部开始表现淡黄色症状，病叶有时两边互相折叠，且沿中脉逐渐往上下延长，上达叶尖，下达叶鞘，并向全株扩展，成为中心病株，是系统侵染的结果。此种病株未抽穗即枯死。

（五）黄化型

是不常出现的一种症状。初期心叶并不枯死，可以平展或部分平展，其上常有不规则型褪绿斑，进而发展为枯黄的或大块的病斑。病叶基部偶有水渍状断续的小条斑出现，可检查到病菌。

在浙江省稻区，有时同时见到上述5类中的两种或更多种症状，有时也可在同一植株上见到几种症状相继出现。

上述各类型病斑，在天气潮湿或晨露未干时，常在叶缘或新病斑表面凝聚一至数个密黄色带黏性小露珠，干燥后呈鱼籽状小胶粒，易掉脱，此即病菌从水孔中排出的流胶，称为"菌脓"，能随灌溉水流动而侵染健苗，对传病起重要作用。

三、病　原

水稻白叶枯病原细菌[*Xanthomonas Oryzae* (Uyeda et Ishiyama) Dowson]属假单胞细菌目，假单胞菌科，黄单胞杆菌属(图3)。

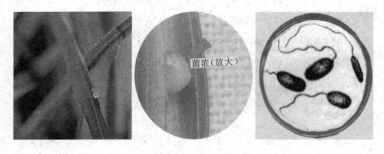

菌浓(放大)

图3　水稻白叶枯病病原

（一）形态特征

菌细胞单生，短杆状，两端钝圆，大小为(0.5～0.8)微米×(1～2)微米(图3)。在菌体一端生有1根线状的鞭毛，长6～9微米，宽约30毫微米。格兰氏染色反应阴性。不形成芽孢和荚膜，但在菌体表面有1层胶状分泌物，使其互相黏聚成块，置水内不易散开。病菌生长比较缓慢，单胞培养时，一般要2～3天甚至5～7天后才逐渐形成菌落。菌落圆形，周边整齐，质地均匀，表面隆起，光滑发亮，无萤光。该菌为好气性细菌，生长温度17～33℃，最适生长温度25～30℃，病菌生长最适宜的pH值6.5～7.0，最合适的碳源为蔗糖，氮源为谷氨酸。

（二）菌系

白叶枯病菌株的致病力有明显的差异，按致病力的强弱划分为4个类型，即致病力弱的菌株（Ⅰ型）、致病力中等的菌株（Ⅱ型）、致病力较强的菌株（Ⅲ型）、致病力最强的菌株（Ⅳ型）。从各地菌株的地理分布来看，华南株菌占强菌系Ⅲ、Ⅳ两型中的多数，北方只有少数菌株属Ⅲ型，水稻菌株致病性测定，有利于抗病品种的鉴定和筛选。

（三）噬菌体

噬菌体是寄生在细菌和放线菌等微生物上的一种病毒。它的结构，外为蛋白质外壳，内为脱氧核糖核酸等成分。当细菌被噬菌体寄生后，细胞壁溶解或破裂，细胞消失。在液体培养基中，能使混浊菌液变清；在固体培养基平板上，表现为透亮的无菌空斑，称为溶菌斑或噬菌斑。由于有白叶枯病菌存在的地方，如病田的土壤、田水、感病的水稻茎叶和种子内，甚至灌溉水和晒谷场，几乎都有白叶枯病菌的噬菌体存在，因此，可以利用噬菌体来检验白叶枯病菌的有无或多少。目前，它已成为应用于种子检验和预测白叶枯病发生流行的重要方法。

四、抗病基因

(一)抗病基因鉴定

植物抗病性的遗传研究始于20世纪初，1905年英国遗传学家Biffen通过对小麦抗条锈病的系统研究，证实抗病性是由基因控制的，并和其他性状一样是独立遗传的。与其他作物病害相比，对水稻白叶枯病的抗性利用起步较晚。日本最早利用寄主抗性防治水稻白叶枯病，从1923年开始进行抗病育种，已形成一套抗病性评价和利用体系。1982-1987年，日本热带农业研究中心(TARC)和国际水稻研究所(IRRI)统一采用日本和菲律宾2套病菌鉴别小种和研究方案，进行水稻白叶枯抗性基因鉴定，将与 $Xa3$ 重复的 $Xa4b$、$Xa6$ 和 $xa9$ 等3个基因合并为 $Xa3$，统一命名了 $Xa1$、$Xa2$、$Xa3$、$Xa4$、$xa5$、$Xa7$、$xa8$、$Xa10$ 和 $Xa12$ 等基因。此后，经众多研究者的共同努力，陆续鉴定了其他新的抗性基因，目前，经国际注册确认和期刊报道的水稻白叶枯抗性基因共有38个。Ogawa等采用菲律宾小种1、2、3、4、6等5个代表菌株鉴定BJ1群品种的抗性基因，发现了新的抗性基因 $xa13$。Taura等分析了菲律宾白叶枯病鉴定品种TN1对菲律宾小种5的抗性，从而发现了Xa14。

据 Kinoshita 等报道，$xa15(t)$、$xa19$和$xa20$是从诱变品种中鉴定出的隐性基因。继日本白叶枯病菌群被划分为Ⅰ、Ⅱ、Ⅲ、Ⅳ和Ⅴ共5个小种后，又发现了$Xa16$、$Xa17$和$Xa18$ 等3个抗性基因。Noda等认为兰泰艾玛斯（Rantai Emas）群的代表品种Tetep对日本小种Ⅴ（菌株H8584和H8581）的抗性由显性基因$Xa16$控制。Ogawa等分析了日本品种阿苏稔（Asaminori）对日本小种Ⅱ（代表菌株H8313）的成株抗性，表明其抗性由一对新的显性基因$Xa17$控制。Yamamoto等发现IR24、Milyang23和丰锦（Toyonishiki）在孕穗期对2个缅甸白叶枯病菌株BM8417和BM8429具有抗性，其抗性由一对新的显性基因$Xa18$控制。Khush等用菲律宾小种6将DV85、DV86和Aus295等3个孟加拉品种与携有$xa13$的品种BJ1进行等位性测试，F_2群体呈抗：感为7：9的分离比，与$xa13$不等位，并独立遗传，进而发现新基因$xa24(t)$。$Xa21$、$Xa23$、$Xa25(t)$及$Xa29(t)$均是源于野生稻的抗性基因，而$Xa22(t)$、$Xa25(t)$及$Xa26(t)$则是源于中国的抗病基因，其中，$Xa25(t)$包括来源于小粒野生稻的Xa-min、栽培稻明恢63及明恢63的体细胞单克隆突变体HX-3等3个暂定基因。Lee等鉴定了$Xa26(t)$、$Xa27(t)$和$Xa28(t)$。$Xa26(t)$控制越南品种Nep Bha Bong成株期对小种5的抗性和对菲律宾小种1、2、3的中等抗性；$Xa27(t)$控制孟加拉品种AraiRaj对小种2和5的抗性。$Xa28(t)$控制孟加拉品种Lota Sail对小种2的抗性（表1）。

表1 水稻抗白叶枯病抗性相关的基因信息

基因符号	基因名称	抗源供体	所在染色体	是否克隆	功能简介
$Xa1$	$Xa-1$	Kogyoku	4	是	鉴定菌株： 日本菌株X-17； 属于NBS-LRR类基因
$Xa2$	$Xa-2$	Rantai Emas2, Tetep	4	否	鉴定菌株： 日本菌株X-17，X-14
$Xa3$	$Xa-3$	W ase A ikoku 3	11	否	鉴定菌株： 印尼菌株T7174， T7147，T7133
$Xa4$	$Xa-4$	TKM6，IR20，IR22	11	否	鉴定菌株： 菲律宾菌株PX025
$Xa5$	$Xa-5$	DZ192，IR1545-339	5	是	隐性基因； 鉴定所用菌株（小种）： 菲律宾菌株PX025
$Xa7$	$Xa-7$	DV85	6	否	鉴定菌株： 菲律宾菌株PX061
$Xa8$	$Xa-8$	PI231129	未定位	否	鉴定菌株： 菲律宾菌株PX061
$Xa10$	$Xa-10$	Cas209	11	否	鉴定菌株： 菲律宾4个小种
$Xa11$	$Xa-11$	RP9-3,IR8	未定位	否	鉴定菌株： 印尼菌系T7174
$Xa12$	$Xa-12$	Kogyoku，Java14	4	否	鉴定菌株： 印尼菌系Xo27306（V）
$Xa13$	$Xa-13$	BJt,Chinsurah Boro II	8	否	鉴定菌株： 菲律宾小种1、2、4、6
$Xa14$	$Xa-14$	TN1	4	否	鉴定菌株： 菲律宾小种3、5
$Xa15$	$Xa-15$	M41（Harcbare辐射突变体）	未定位	否	鉴定菌株： 日本小种Ⅰ、Ⅱ、Ⅲ、Ⅳ

基因符号	基因名称	抗源供体	所在染色体	是否克隆	功能简介
Xa16	Xa-16	Tetep	未定位	否	鉴定菌株：日本小种 V
Xa17	Xa-17	Asom inori	未定位	否	鉴定菌株：日本小种 II
Xa18	Xa-18	IR24，密阳23，丰锦	未定位	否	鉴定菌株（小种）：缅甸菌株
Xa19	Xa-19	XM5（IR24 辐射突变体）	未定位	否	隐性基因；鉴定菌株：6个菲律宾小种
Xa20	Xa-20	XM6（IR24 辐射突变体）	未定位	否	鉴定菌株：6个菲律宾小种
Xa21	Xa-21	长药野生稻（IR-BB-21）	11	是	鉴定菌株：菲律宾小种1，2，4，6
Xa22	Xa-22(t)	扎昌龙	11	否	在成株期对我国致病型 I、II、IV、VII，菲律宾小种1，3，4，5，6，日本小种 I、II、III 的12个代表菌株具有抗至中等抗性
Xa23	Xa-23(t)	O.rufipogon（普通野生稻）	11	否	鉴定菌株：菲律宾小种6
Xa24	Xa-24(t)	DV86，DV85，Aus295	未定位	否	鉴定菌株：4个菲律宾小种
Xa25	Xa-25	明恢63	12	否	鉴定菌株：菲律宾小种9
Xa25	Xa-25(t)	HX-3（明恢63体细胞突）	4	否	鉴定菌株：菲律宾小种1，3，4和中国 IV 型菌
Xa25	Xa-min	O.minuta（小粒野生稻78-15）	未定位	否	分蘖后期表现抗性，鉴定菌株：菲律宾小种2，3，5，6

续表

基因符号	基因名称	抗源供体	所在染色体	是否克隆	功能简介
Xa26	*Xa–26(t)*	明恢63	11	是	鉴定菌株：中国菌株JL691；编码受体激酶类似蛋白
xa26	*Xa–26(t)*	Nep Bha Bong（越南）	未定位	否	隐性基因；鉴定菌株：中抗菲律宾小种1~3，抗菲律宾小种5
Xa27	*Xa–27(t)*	AraiRai	6	是	鉴定菌株：菲律宾小种2,5
Xa27	*Xa–27*	CO39	6	否	抗性广泛
xa28	*Xa–28(t)*	Lota Sail	未定位	否	鉴定菌株：菲律宾小种2
Xa29	*Xa–29(t)*	药用野生稻	1	否	鉴定菌株：菲律宾小种1

基因符号和基因名称中的Xa或xa意为Xanthom onas oryzae pv.Oryzae resistance

（二）抗性基因定位

据报道，迄今已有18个水稻白叶枯抗性基因得到定位，分别位于第1、第4、第5、第6、第8、第11和第12条染色体上。位于第1条染色体上的有*Xa29(t)*。谭光轩等利用栽培稻与药用野生稻杂交转育的水稻品系B5和籼稻品种明恢63为亲本进行杂交，通过单粒遗传得到一个含有187个稳定纯合株系的重组自交系(RIL)群体，用分离集团分析法(bulked segregantanalysis,BSA)筛选与抗白叶枯病基因连锁的RFLP标记，选取水稻12条染色体上的336个RFLP探针对2个亲本的DNA和抗感2个DNA池进行Southern杂交分析，发现了一些分子标记与抗白叶枯病基因有连锁关系，从而推断水稻品系B5的抗白叶枯病基因位于第1染色体上，并最终证明B5的抗白叶枯病主效基因位于第1染色体的分子标记C904和R596之间。位于第4条染色体上的抗性基因有 $Xa1$、$Xa2$、$Xa12$、$Xa14$ 和 $Xa25(t)$。在1967年就发现 $Xa1$ 可以抵抗日本 Xoo I 株病菌，与 RFLP 标记 XNbp235 的连锁距离为0.9。$Xa2$ 最初大致定位于第4染色体的长臂上。He 等根据基因序列，采用 SSR 标记法对 $Xa2$ 进行精确定位，120个 SSR 样本中的12个新的样本被成功用于 IR24/IRBB2 群，20个用于 ZZA/IRBB2 群，进而发现 HZR950-5 和 HZR970-4 距 $Xa2$ 最近。Taura 等采用水稻三体技术将 Xa14 初步定位在第4染色体上，进而谭震波等选取对水稻白叶枯病原菌6个菲律宾小种均为感病的籼稻品种珍珠矮为母本，携带抗病基因 $Xa14$ 的粳稻近等基因系 CBB14(抗菲律宾5号小种P5)为父本配制杂交组合，对 F_2 单株进行 RFLP 分析，构建了水稻第4连锁群的分子图谱，根据 F_2 各植株抗、感病的分离情况，将抗病基因 $Xa14$ 定位于 RG620 和 G282 之间，基因连锁距离分别为20.1cm 和19.1cm。位于第4染色体上的抗性基因 $Xa25(t)$ 是从明恢63体细胞突变体 HX-3 中鉴定出的。高东迎等通过花药培养构建02428(粳稻)和 HX23(籼稻)的双单倍体(DH)群体，选用覆盖水稻12条染色体的300对 SSR 引物对02428和 HX-3 进行多态性分析，发现有74对引物在双亲之间表现差异，利用这些差异引物对DH群体进行连锁分析，从而将抗白叶枯病基因Xa25(t)定位到第4染色体长臂末端的2个SSR标记RM6748和RM1153之间，连锁距离分别为9.3cm和3.0cm。位于第5条染色体上的有Xa5。Matthew等将近等基因系(NIL)IRBB5和亲本IR24杂交得到1016株F₂代进行PCR，将44个DNA样本置于第5染色体的末端，对Xa5进行精密定位；并对F₃接种PX061进行测试，最终将Xa5定位于距分子标记RS7和RM611 0.5处，包含11个开放阅读框架。位于第6条染色体上的有Xa7和Xa27(t)。Porter等研究表明，Xa7位于M1(已被定位于Rice Tagged Site，STS的107.3cm处)的末端，2个SSR标记M3和M4与Xa7的连锁距离为0.5cm和1.8cm，结合顺序为M1－Xa7－M3－M4。Gu等用分子标记技术，发现M336、M1081和M1059与Xa27(t)紧密相连，推动了Xa27(t)在第6染色体上的定位，并最终将Xa27(t)定位于距M946和M1197标记0.052cm处，与其紧邻的有M631、M1230和M449。位于第8条染色体上的xa13对菲律宾小种6号(PXO99)具有很好的抗性。Sanchez等采用精细遗传定位和物理定位，选用IR24与其近等基因系IRBB13杂交后代的132个植株，及IRBB13与一个新的水稻品系IR65598－112－2杂交后代的230个植株，9个DNA样本，最终将xa13定位于水稻第8号染色体上，遗传距离小于4cm。位于第11条染色体上的抗性基因有Xa3、Xa4、Xa10、Xa21、Xa22(t)、Xa23和

Xa26。*Xa3* 与 *Xa26* 紧密相连，DNA 指纹法发现 IRBB3 携带的 *Xa3* 基因和明恢 63 携带的 *Xa26* 基因具有同样的复制数量。表型比较发现，带有 *Xa3* 和 *Xa26* 的水稻株系在受病菌侵染后会在病健交界处产生同样的深棕色的沉积物，这表明 *Xa3* 和 *Xa26* 很可能为同一种基因。明恢 63 携带的 *Xa26* 在其苗期和成株期都对中国小种 JL691 具有抗性。章琦等选用杂交后代 F_2 群体的 477 个高感品种进行试验，从而将 *Xa26* 定位于第 11 染色体上，位于基因图谱 1.68cm 的区域，与 R1506 邻近，介于 RM224 和 Y6855RA 之间，与两者的遗传图距分别为 0.21cm 和 1.47cm。Yoshimura 等将 Xa4 基因初步定位到第 11 染色体的末端。Li 等将其定位于 2 个 RFLP 标记 R2536 和 L457b 之间。Sun 等选用了 IRBB4 和 IR24 杂交后代 F_2 群体中的 642 个高感样本和 255 个随机样本，将 *Xa4* 定位于第 11 染色体上，遗传图距不超过 1cm，与 2 个 RFLP 标记 R1506 和 S12886 的距离都为 0.5cm。Yoshimure 等选用 4 个菲律宾小种，代表品种为 Cas209，将 Xa10 定位在第 11 号染色体短臂上，与 O072000 的连锁距离为 5.3cm。从野生稻中发掘利用抗白叶枯新基因和进行分子标记筛选及定位是近年国内外研究的热点。现从野生稻中定位出的抗性基因除上述 Xa29(t) 外，还有 Xa21 和 Xa23。白辉等报道，Xa21 来自非洲马里的长药野生稻，由印度育种学家 Devadath 等发现；国际水稻研究所 Khush 等将该野生稻与感病的籼稻栽培品种 IR24 杂交，经过 12 年转育，于 1990

年获得了以IR24为遗传背景的籼稻近等基因系，命名为
IRBB21。Xoo接种鉴定表明，IRBB21对印度和菲律宾所
有的Xoo生理小种都有抗性，遗传分析发现，抗性是由单
一遗传位点决定的，Khush将这一来源于长药野生稻的抗
性基因命名为Xa21。Ronald等利用Khush提供的上述水
稻材料开始了对Xa21的定位，采用123个DNA标记和985
个随机引物对Xa21的抗性近等基因系分别进行了RFLP、
RAPD分析，发现位于第11号染色体上的RG103RAPD818
和RAPD248等3个标记与白叶枯病的抗性位点Xa21共分
离，从而将Xa21定位于第11号染色体。遗传作图表明，
Xa21与RAPD818、RAPD248和RG103标记的遗传图距
都不超过1.2cm，与RG103的紧密连锁，进一步通过脉冲
电泳进行物理作图，发现包含Xa21位点与3个紧密连锁标
记的渐渗区段大约为800 kb。章琦等通过筛选16对SSR引
物，将Xa23初步定位于水稻第11染色体上，与SSR标记
OSR06和RM224的图距分别为5.3cm和27.7cm，与RFLP
标记G1465间的遗传图距为16.7cm。潘海军等采用SSR、
RAPD、AFLP及RFLP等多种途径寻找与Xa23基因更紧
密连锁的分子标记，用Xa23的近等基因系CBB23及其感
病轮回亲本JG30构建了包含2562个单株的F_2作图群体。通
过分析571个感病单株，找到2个新的与Xa23基因连锁的
SSR标记RM187和RM206，它们与Xa23之间的遗传图距
分别为7.1和1.9cm。通过筛选1200个RAPD引物，获得2

个与Xa23基因连锁的RAPD标记RpdH5和RpdS1184,与Xa23之间的遗传图距分别为7.0cm和7.6cm。Xa22(t)是从云南地方稻种扎昌龙中鉴定出的一个广谱高抗白叶枯病的基因,汤翠凤等将该抗性基因定位在第11染色体长臂末端,建立了与基因连锁的RFLP、RADP等分子标记,与SSR标记RM224紧密连锁,其遗传距离为1.0cm。位于第12号染色体上的基因是从明恢63上定位出的Xa25(t)。明恢63在全生育期高抗菲律宾小种9,遗传分析表明该抗性由一对显性基因控制。Chen等通过抗/感组合单粒传获得241个重组自交系群体,进行了RFLP分子标记定位,最终将该基因定位于第12染色体上的2个分子标记R887和G1314之间,与两者的图距分别为2.5cm和7.3cm。

(三)抗病基因克隆

在上述已被鉴定的30多个水稻白叶枯病抗性基因中,已有Xa1、xa5、Xa21、Xa3/Xa26、Xa27、xa13、xa25、和Xa10被克隆。其中Xa21基因是最早通过图位克隆得到的,也是研究得最深入的白叶枯病抗性基因。Xa21基因分子标记的完成,为该基因的克隆提供了条件。宋文源等用染色体登陆战略克隆了Xa21,利用RG103作为杂交探针,从IRBB21细菌人工染色体和柯斯质粒文库中筛选出7个阳性克隆,再用限制性核苷酸内切酶对这7个DNA片段进行酶切,获得16个部分重叠的亚克隆,然后将这些亚克隆通过基因枪途径转化到感白叶枯病的水稻品种TP309，得到各个亚克隆的转化植株，再对这些转化材料接种白叶枯病菌小种PR6进行检测，结果从1 500个转基因植株中筛选到50个带有9.6kbKpn I转基因片段的抗性植株，抗性明显强于感病对照，说明9.6kbKpn I片段里含有完整的抗白叶枯病基因Xa21。序列分析表明，9.6kb Kpn I片段包含一个3075 bp的开放阅读框，其间有一个843 bp的内含子；Northern分析证明了该序列的表达，从而确定了Xa21基因。Xa1是克隆的第2个抗白叶枯病基因，其基因产物包含氨基端核苷酸结合位点区和羧基端的富亮氨酸重复序列，且没有明显的跨膜结构域，推测Xa1基因产物与病原菌无毒基因编码的配体的相互作用可能发生在细胞内。Yoshimura等采用典型的定位克隆战略克隆了Xa1，通过遗传作图和物理作图，将Xa1定位在一个340 kb的YAC克隆Y5212上，然后分离这个区段的cDNA进行精细遗传定位和序列分析，揭示出一个与已知NBS2LRR类抗性基因同源，具有5406 bp的编码序列。转基因实验证实该序列具有对Xoo小种1的抗性，是Xa1基因。Sun等克隆出Xa26，该基因属于一个由4个成员组成的多基因家族，编码一个受体激酶类蛋白质，因而与Xa21为同一类型。Xa3最初被定位在第11染色体上，与RFLP标记XNbp181连锁，后来经过一系列的检测验证，发现Xa3与Xa26是等位的，现在也通常被称为Xa3/Xa26。Gu等从IRBB27中通过图位克隆得到Xa27。位于第6染色体上Xa27区域的16个亚克隆中的2个亚克隆AA17.6和N9.6与Xa27的抗性相关，对与抗性联系紧密的5.2 kb Nsi I /A II (NA5.2)、7.0 kb Pst I (PP7)和 3.2 kb Nsi I /Apa I (NA3.2)片段进一步克隆，发现Xa27与2.4 kb Pst I − Apa I 相邻；并从IRBB27 cDNA库中分离出一个候补DNA，通过5' RACE的PC扩增获得5'序列，发现Xa27是一个非基因内区的基因，编码由113个氨基酸组成的蛋白。Iyer-Pascuzzi等克隆了Xa5，并发现它编码转录因子II (TF II A)的亚结构。TF II A是一种以前未知其作用的真核转录子。Xa5的特殊性在于它是隐性基因，而且与典型的抗病基因结构不一致。对TF II A的抗病与感病基因的序列分析发现有2个核苷酸替代子，从而导致抗感品种之间氨基酸的变化。Ogawa等用菲律宾白叶枯病菌小种6从水稻品种BJ1中鉴定出一个隐性抗病基因，被命名为Xa13。Zhang等用RFLP和RAPD标记将Xa13基因定位在第8染色体的分子标记RZ28和RG136之间。Chu等进一步将该基因定位于分子标记E6a和S14003之间，并利用一个水稻品种明恢63的BAC文库构建了覆盖基因区间的物理图谱，进一步将Xa13基因定位到一个9.2 kb的片段上并最终克隆了该基因。Xa13基因由5个外显子组成，编码含307个氨基酸的未知功能的细胞膜蛋白，预测该蛋白有7个跨膜区，研究发现Xa13基因还可能参与花粉的发育。Xa25是目前被克隆的第3个隐性抗白叶枯病基因，该基因定位于第12染色体上，介导了水稻苗期和成株期对白叶枯病小种PX0339的抗性。Xa25编码一个MtN3/saliva家族蛋白，隐性Xa25基因编码的蛋白与其显性等位基因Xa25基因编码的蛋白存在8个氨基酸的差异。Xa10基因是于2014年被报道的最新克隆的水稻抗白叶枯病基因，该基因由两个外显子和一个内含子组成，编码一个包含126个氨基酸的TAL效应子依赖的抗性蛋白，预测该蛋白有4个跨膜区。

(四)抗病基因的应用及前景展望

无论是从环境角度还是从经济角度来看，防治白叶枯菌最好的方法是利用抗性基因培育抗性栽培品种。不同的抗病基因具有不同的遗传标记，从而使抗病育种成为可能。抗病基因的鉴定、定位和克隆迅速发展，极大地促进了水稻抗白叶枯病分子育种研究，Xa1、Xa3、Xa4、Xa5、Xa13和Xa21都曾被应用于抗病育种中。Xa1和Xa3在日本和韩国的应用都有效地控制了白叶枯菌的危害，但后来都因新的致病小种的出现而丧失了抗性。Xa4的抗性谱较广，曾应用于抗性水稻的培育，亚洲许多国家大面积应用携有Xa4基因的品种，目前我国主要栽培品种中大多数都含有该基因，但由于病原菌小种的进化，该基因已丧失了抗性。现在最具有育种价值的是Xa21，主要是因为Xa21对水稻白叶枯菌具有广谱抗性，并具有较强的转育效应，而且主要栽培品种均不带有该基因，经过筛选的 Xa21 纯合的水稻品系可供杂交抗性中的应用。

新的致病菌株的出现及扩散，已严重威胁到现有抗性基因的有效性。这就要求我们进一步加强对抗性基因的研究，未来的研究应涉及白叶枯病抗性基因与 Xoo 小种的识别及抗性反应的信号传导机制。对于水稻白叶枯病抗性基因工程育种，可以考虑抗性基因的混合使用和综合利用，长期大规模的种植单一抗源的品种势必引起病原菌群体遗传结构的变化，产生能侵染现有抗源的新小种，导致品种抗性丧失。将抗同一疾病的不同基因聚合到同一品种中，被认为是获得持久抗性的途径之一。随着更多白叶枯病抗性基因的克隆，水稻白叶枯病抗性系统是最有希望突破的领域。我国有丰富的地方和野生稻种质资源，许多单位已做了大量抗性评价工作，值得从病理、遗传育种、生物技术等各个方面进一步研究。

五、寄主植物

水稻白叶枯病菌除危害水稻外，还可以危害游草(*Leersia hexandes*)、假稻(鞘粮草 *Leersia oryzoides* var. *japonica*)和菱白，在日本尚有异假稻(*Leersia oryzoides*)，人工接种可危害草芦(*Phalaris arundinacea*. L.)、芦苇

(*Phragmites communis* Trin.)和柳叶箬(*Isachne glabosa*)
等禾本科植物。

六、侵染循环

(一)越冬及初次侵染源

本病的初次侵染来源,新病区以病种为主,老病区以病草为主。一是来自系统侵染,病菌通过稻株维管束输导至种子内;二是来源于水稻抽穗开花时,病菌借风雨露滴飞溅,沾染稻穗,入侵谷粒,寄藏在颖壳组织内或胚和胚乳表面越夏越冬。在干燥贮存条件下,可活8～10个月,直至第2年播种季节。不过,在贮藏期病菌会逐渐死亡,使播种时种子带菌率低。但由于播种量大,仍有足够的传病来源。从调运稻种引起新病区的出现,足以证明稻种传病。

病草传病与其存放条件有关,充分干燥堆贮得好的病草,病菌可活7～9个月,存活率高,传病率也高;如果病草散放田野场头,受日晒雨淋影响,病菌很快死亡,失去传病能力。在南方稻区,病菌可在再生稻上越冬、越夏,成为初次侵染的来源之一。

(二)传播特点与发病过程

在病谷、病草上越冬的病菌,到翌年播种期间,一遇水分,便随水流进行传播。病谷萌芽时,病菌先感染芽

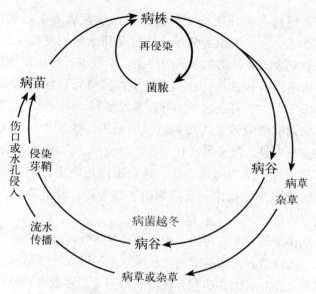

图4　水稻白叶枯病侵染循环

鞘，当真叶穿过芽鞘接触病菌时，第一片真叶叶尖或叶缘
即受侵害而成带菌苗。用病稻草覆盖、还田做肥料等，有
机会与水接触，病菌就大量释放出来，通过稻叶的水孔侵
入，引起秧苗发病。灌溉水和暴风雨是病害传播的重要媒
介。秧苗期淹水会加重秧苗的感染，淹浸没顶的次数愈多，
病苗的数量愈大。带菌秧苗一般生长到三叶期时出现典型
症状，以五叶期病苗最普遍。移栽后，病菌经过大田内一
段时间的增殖和积累，在水稻封行后田间荫、湿的环境下，

又适逢稻株在生理上处于易感阶段，便发展为中心病株，开始蔓延扩大。大田发病后，病叶从排水组织里排出的菌脓愈来愈多，借风雨和水流等传播，不断进行再次侵染（图4）。病菌侵入稻株，并在其上产生菌脓进行再侵染的循环周期10天左右，可在短期内导致暴发流行。

病菌能借灌溉水传播到较远的稻田，低洼积水、大雨涝淹以及串灌、漫灌等往往引起连片发病，在风雨交加时，病菌可依风力强度和风向作一定范围内短距离传播。晨露未干时进出病田操作，或沿病田边缘行走，都能带菌，助长病害扩散。

病菌能通过水孔传播，由于水孔紧接叶片维管束组织的末端，所以侵入水孔的病菌可经通水组织进入导管而建立寄生关系。在导管内，病菌大量增殖和蔓延，可造成导管坏死或阻塞水分、养分运输而引起发病。随着病势进展，导管中常充满病菌，再由导管中挤出，充满于通水组织，且从水孔排出，形成细菌黏液，即菌脓。另外，在导管中的病菌又迅速向其他导管扩展、增殖，使病害不断扩大与加重。

病菌除通过水孔侵入外，一般不能从气孔侵入，研究表明，伤口是病菌入侵的最主要途径。在水稻的一生中，因风、雨、虫害及农事操作等造成伤害后都会使苗、株形成大量伤口。从伤口形成到接触病菌的间隔时间愈短，侵染成功率愈高，反之则愈低。一般在组织受伤后5分钟，病菌侵入的可能性最大。发病率的高低还与伤口侵入的菌量大小成正相关。

七、流行规律

白叶枯病发生的先决条件是有足够的菌源，至于病害流行与否和流行程度，则受品种抗病性、气候条件和栽培因素等的影响。

（一）菌源

白叶枯病菌主要来自带病稻草和种子。以种子的调运作远距离传播，借助田间灌溉水和风雨在近距离内传播。病菌能经水流传播，并通过水孔、伤口侵入水稻，然后在维管束内进行繁殖。当病菌繁殖达到一定菌量时，水稻才会表现症状。因此，病菌的侵入量和水稻体内菌量的增殖速度，往往成为水稻发病早迟和受害轻重的决定因素。在一般年份，病种的调运、上年或上一熟水稻的发病面积、危害程度，以及病种留用和病草还田的数量等，可作为水稻系统侵染的发病趋势性预测依据。

（二）品种

在目前栽培的诸多品种中，还未发现免疫品种，只是品种间的抗病性强弱有不同。一般粳稻较籼稻抗病，但粳稻中也有很感病的品种。窄叶品种比阔叶品种抗病，因阔叶品种在田间荫蔽度大，易提高株间湿度，有利于病菌的侵染。当菌源充足、环境条件又有利于发病时，病害是否流行，品种本身起重要作用。

水稻品种的抗病性与体内多元酚和游离氨基酸的含量有关。据分析，感病品种含游离氨基酸多，含多元酚少，若增施氮肥，稻株体内游离氨基酸含量显著增高，发病程度也明显加重；较抗病品种在增施氮肥的情况下，游离氨基酸的含量仍保持较低的水平，发病程度也明显减轻。此外，叶片上水孔数目的多少也与发病有关。一般自分蘖末期起水稻的抗病力逐渐降低，至抽穗阶段最易感病。

随着水稻抗病育种工作的发展，品种对白叶枯病的抗感程度，已成为预测病害流行的重要依据之一。但是，由于病菌的致病力变异，以及品种抗性鉴定中的手段差异，在具体确定品种抗性时，还需根据本地区病菌致病力的监测和品种抗性的就地鉴定结果为最后依据。

(三)气候

温度、雨量、湿度，以及台风暴雨是影响白叶枯病发生发展的重要因素。当气温达17℃以上时，就能引起发病，气温在25~30℃、相对湿度达到85%以上时，最适宜病害发展，气温高于33℃或低于17℃，病害会受到抑制。在适温、高湿、多雨气候条件下，只要5~10天就可致病害流行。

大风暴雨特别是台风暴雨的侵袭，可促使病害剧发。因为台风暴雨易使稻叶摩擦受伤，造成大量伤口，易导致病菌侵入，更主要的是风雨能增加病菌的传播机会，加速病害的扩展。据研究，无风时，雨露传播一般在4米左右，风速22米／秒（10级）时可达60米。在一般情况下，白叶枯病在半山区比山区重，平原比半山区重，不避风处比避风处重，受淹田比不受淹田重。凡沿江傍溪两岸，地势低洼，易淹易涝的稻田病害常重。

在有洪涝和台风暴雨的年份，早稻受洪涝后，不但白叶枯病会提早发生，而且危害也会加重。中、晚稻的发病，主要取决于台风暴雨与感病生育期的吻合情况。秧苗期如受洪涝灾害，就种下了白叶枯病的祸根，孕穗至抽穗期间遇台风暴雨袭击的年份，发病就重。因此，早稻期间的洪涝和中、晚稻期间的台风次数、雨量以及与感病生育期的吻合情况，可作为早稻、中晚稻白叶枯病中短期预测预报的依据。

（四）肥水管理

白叶枯病发生轻重与灌水的关系很大。凡深水灌溉或稻株受淹，发病就重，尤以拔节期以后更加明显，且淹浸时间愈长，次数愈多，病害愈重。长期深灌，尤其在稻株受淹后，不仅大量消耗了稻体内的呼吸基质，促使分解作用大于合成作用，体内可溶性氮化物增加，导致稻株的抗病力下降，而且有利于病菌从水孔侵入，因而发病早而重。在串灌和漫灌的情况下，更有利于病菌随灌溉水而传播、扩展危害。

肥料的种类、数量和施用时间与大田发病的关系较大。一般偏施氮肥易诱发病害,因为氮肥过多,易使稻株中游离氨基酸和糖的含量增高,有利于病菌孳生繁殖,所以发病就重。追肥过多过迟,可引起稻株徒长贪青,降低抗病力,也易诱致发病。土壤肥沃,有机质含量高,或绿肥用量过多,如不采取适当的耕作技术,也易发病。因此,要施足基肥,提倡多施有机肥料和多种肥料配合施用。控制氮肥用量,适期早施,促进稻株生育健壮,以增强抗病力,减轻发病。

八、危害与损失

水稻白叶枯病的产量损失与发病轻重及早迟有关,抽穗期发病,剑叶枯死,秕粒增加,粒重降低,对产量影响很大,灌浆后发病,则损失较小。水稻白叶枯病危害与损失关系是制定防治指标的主要依据。浙江省桐庐县植保站2013—2014年对田间白叶枯病的发病动态进行系统调查,测定了发病率与产量损失率的关系,建立了相应的预测模型,为危害损失科学评估、防治指标制订和综合防控提供决策依据。

(一)田间发病消长动态

水稻健株(中浙优8号)在伤口期接触白叶枯病菌(P6和浙173),至叶部显症时间为5~7天;在白叶枯病菌侵染显症后的14天为病情激增期，至21天为病情稳定期。单季晚稻田田间发病消长动态见图5、图6。

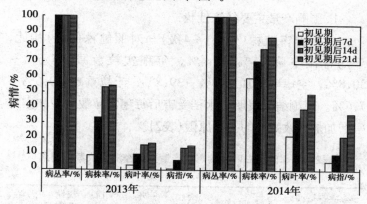

图5　单季稻（中浙优8号）白叶枯病（P6）病情消长

（浙江桐庐，2013—2014）

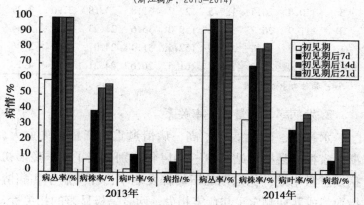

图6　单季稻（中浙优8号）白叶枯病（浙173）病情消长

（浙江桐庐，2013—2014）

（二）发病与危害损失关系

1.影响产量主要经济性状

水稻受害植株（分为1～4级）与对照健株（0级）相比，平均株高下降1.1%～5.4%，每穗实粒数减少5.6%～30.8%，空瘪率增加18.0%～39.8%，千粒重减少0.6%～7.6%。观测结果表明，水稻受害后每穗实粒数减少和空瘪率增加是导致减产的主要原因（表2）。

表2　单季晚稻白叶枯病影响产量主要经济性状考查结果

（浙江桐庐，2013—2014）

病级	株高 (cm)	穗长 (cm)	总粒数	实粒数	空瘪 粒数	千粒 重(g)	实粒 重(g)	总粒 重(g)
4	107.9	25.4	175.5	111.7	63.8	22.38	2.50	2.97
3	110.8	26.5	189.5	127.7	61.8	23.18	2.96	3.29
2	111.9	26.2	186.6	150.0	36.6	23.93	3.59	3.84
1	112.7	26.4	183.9	152.5	31.4	24.07	3.67	3.86
0(CK)	114.0	26.4	188.1	161.5	26.6	24.21	3.91	4.13

注：品种为中浙优8号

2.发病率与产量损失率关系

水稻株、叶发病率愈高，病情愈重，产量损失愈大。浙江省桐庐县植保站2013—2014年分别调查了单季晚稻初病期、激增期、稳定期的田间株发病率、叶发病率和病情指数，成熟期测定了其危害损失，两者呈极显著的相关性，建立危害损失模型如下。

初病期：

$Y_1 = 0.174\ 7X_1 + 34.785\ 1$

式中：Y_1为产量损失率，X_1为株发病率

$Y_2 = 0.486\ 1X_2 + 35.199\ 3$

式中：Y_2为产量损失率，X_2为叶发病率

$Y_3 = 1.980\ 3X_3 + 35.083\ 4$

式中：Y_3为产量损失率，X_3为病情指数

激增期(初见后7d)：

$Y_4 = 0.216\ 6X_4 + 28.741\ 2$

式中：Y_4为产量损失率，X_4为株发病率

$Y_5 = 0.583\ 6X_5 + 26.676\ 3$

式中：Y_5为产量损失率，X_5为叶发病率

$Y_6 = 2.125\ 4X_6 + 24.571\ 1$

式中：Y_6为产量损失率，X_6为病情指数

激增期(初见后14d)：

$Y_7 = 0.383\ 7X_7 + 13.388\ 2$

式中：Y_7为产量损失率，X_7为株发病率

$Y_8 = 0.637\ 9X_8 + 21.545\ 0$

式中：Y_8为产量损失率，X_8为叶发病率

$Y_9 = 0.892\ 6X_9 + 27.070\ 3$

式中：Y_9为产量损失率，X_9为病情指数

稳定期(初见后21d)：

$Y_{11} = 0.461\,6X_{11}+24.613\,3$

式中：Y_{11} 为产量损失率，X_{11} 为叶发病率

$Y_{12} = 0.588\,3X_{12}+25.881\,2$

式中：Y_{12} 为产量损失率，X_{12} 为病情指数

九、测报办法

（一）系统测报办法

1. 调查内容和方法

（1）秧苗期调查：选地势低洼或淹过水的感病品种的中、晚稻秧田各2块，于秧苗4叶期和移栽前7天各查1次，5点取样，每点查33cm×33cm。调查总苗数、病苗数，并计算发病率，记于表3。

表3　秧苗白叶枯病发病情况调查表

单位　　　　　　　　　　　　　　　　　　　年份

调查日期（月/日）	秧田编号	稻作	品种	播种栽期（月/日）	叶龄（张）	总苗数	病苗数	病苗率(%)	淹水情况

（2）本田期调查。

①噬菌体测定：选老病区种植的感病品种，早、中晚稻各1~2块，于秧苗返青后至抽穗期，每5天采集1次田水，测定噬菌体数量，并记载田间发病始见期，记于表4。

表4　稻白叶枯病本田田水噬菌体量测定记载表

单位　　　　　　　　　　　　　　　　　　　年份

测定日期 （月／日）	田块编号	稻作	品种	生育期	噬菌体量 （个／ml）	始病期 （月／日）	防治情况

②病情系统调查：在老病区的重病田，选多肥、低洼田块，种植的感病品种为病害观测圃。迟熟早稻、杂交与常规中稻，以及早、中、迟插连晚各1块，于孕穗前夕开始至黄熟前（遇台风暴雨、洪涝天气，中、晚稻于分蘖开始），每5~10天（台风暴雨期间3~5天）观察1次，当目测到始病期以后，每田固定3点，每点固定9丛（其中1丛稻选在中心病株上，四周再定8丛稻），每株查上面3张叶片。观察记载生育期、始病期、总株数、总叶数、病丛数、病株数、病叶数、严重度分级，并计算发病率，记于表5。

表5 稻白叶枯病本田系统调查表

单位 　　　　　　　　　　　　　　　　　　　　　　年份

调查日期	稻作	品种	移栽期	调查丛数	总株数	总叶数	病丛数	病株数	病叶数	严重度发级					丛病率(%)	株病率(%)	叶病率(%)	病指	始病期
										0	1	2	3	4					

③大田病情普查：当观察圃始见中心病株后，选当地有代表性的当家品种，每品种固定2块，每5～10天巡回目测检查田间病情，记载始病期、病情上升期及病情停止发展期，并于黄熟前普查1次病情。单丛直线查100丛稻，每株查上部3张叶片，观察病丛数、病株数、病叶数、严重度分级，并计算发病率，记于表6。

表6 稻白叶枯病本田病情普查表

单位 　　　　　　　　　　　　　　　　　　　　　　年份

田块编号	品种	始病期(月/日)	病情上升期(月/日)	病情停止期(月/日)	普查日期(月/日)	调查丛数	总株数	总叶数	病丛数	病株数	病叶数	严重度发级					丛病率(%)	株病率(%)	叶病率(%)	病指
												0	1	2	3	4				

（3）病源基数普查。以观测区（如观测区为非病区，可在常年发病地区固定一个村）为单位，分季调查统计水稻面积、感病品种面积、白叶枯病发生面积、重病田面积，以及各季稻秧田面积、秧田本田淹水受涝面积、秧田发病面积、病种留用和病稻草还田面积等，记于表7。

表7　观测区病源基数普查表

单位　　　　　　　　　　　年份　　　　　　　　　　　（单位：亩）

日期（月/日）	稻作	秧田			本田				感病品种面积	上年病种留用面积	上年及上熟病稻草还田面积
		总面积	淹水面积	发病面积	总面积	淹水面积	发病面积	重病面积			
	早稻										
	单季稻										
	连晚										

2. 预测方法

（1）发病趋势预测：根据上年及上熟水稻的病源基数，以及当季水稻的感病品种比例、气象预报等，对当季水稻的发病趋势作出长期预测，并在洪涝、台风暴雨等灾害性气候出现期，再作出发病趋势的中短期预报。

（2）发生期预报：当早、中稻田水中测得的噬菌体量达一定数量时，根据各地历年测得的噬菌体量与始病期的期距相关性，作出发生期预报。中、晚稻可根据水稻感病生育期、病源基数、气象预报以及历年观测圃与各品种之间的始病期出现期距，作出中期预测。在观测围始见发病后，以及观测围每次病情回升期，作出防治适期的短期预报。

（二）简易测报办法

1.调查内容和方法

（1）大田病情调查。在老病区，选多肥、低洼田块，种植感病品种的田块为重点病害观测田，采用目测法调查发病始病期、病情上升期及病情停止发展期，并于黄熟前普查1次病情。根据品种类型、发病轻重选择有代表性的田块6~10块，单丛直线查100丛稻，每株查上部3张叶片，观察病丛数、病株数、病叶数、严重度分级，并计算发病率。调查结果记于表8。

表8　稻白叶枯病本田病情普查表

单位　　　　　　　　　　　　　　　　　年份

调查日期	地点	品种	生育期	始病期	病情上升期	病情停止期	调查丛数	调查株数	调查叶数	病丛数	病株数	病叶数	严重度发级					丛病率(%)	株病率(%)	叶病率(%)	病指	肥水管理	气象条件	备注
													0	1	2	3	4							

（2）影响发病因素调查。在全县或观测区（如观测区为非病区，可在常年发病地区固定1个村），分季调查统计水

稻面积、感病品种面积、白叶枯病发生面积、重病田面积，以及各季稻秧田面积，秧田、本田淹水受涝面积，秧田发病面积、病种发病面积、病种留用和病稻草还田面积等。调查结果记于表9。

表9 水稻白叶枯病病源基数普查表

单位 年份 （单位：亩）

调查日期	稻作	秧田			本田				感病品种面积	上年病种留用面积	上年及上熟病稻草还田面积	气象条件	耕作栽培	备注
		总面积	淹水面积	发病面积	总面积	淹水面积	发病面积	重病面积						
	早 稻													
	单季稻													
	连 晚													

2. 预测方法

（1）综合预测。根据上年及上熟水稻的病源基数，以及当季水稻的感病品种比例、气象预报等，对当季水稻的发病趋势作出长期预测，并在洪涝、台风暴雨等灾害性气候出现期，再作出发病趋势的中短期预报。中、晚稻可根据水稻感病生育期出现，感病品种始见发病期及气象预报，作出发病趋势的短期预报。

（2）模型预测。浙江省桐庐县植保站系统整理了40余年来水稻白叶枯病发病与气候情况的历史观测资料，对白叶枯病的严重程度与气候因子进行相关性分析，病害严重程度与流行前二旬的降水量(X_1)和降雨量≥20mm的日数(X_2)呈极显著的正相关,为此,组建了预测模型,经历史回验,平均预测准确率为91.3%。应用该模型,成功预测了2013年、2014年该县水稻白叶枯病发病流行程度,发布了中长期预测预报,科学指导病害防控。

$$\text{Log}\,Y=0.215\,8\text{Log}X_1+2.075\,3\text{Log}(X_2+1)-0.314\,5$$

式中:Y 为晚稻乳熟后期的病情指数;

X_1 为病害流行前20天的降雨量;

X_2 为病害流行前20天降雨量≥20mm的日数。

(三)"查定"办法

1. 查始病期定防治适期

水稻孕穗前或台风暴雨过境后,选多肥嫩绿、低洼淹水老病田种植的感病品种1块,3~5天目测检查1次,发现中心病株后,即对各品种的代表田块开展1次普查,查到始病期时立即喷药防治。

2. 查病情消长定防治次数

选有代表性的始病期已施药防治的田,每田固定3点,每点单丛直线固定10丛稻(其中每点发病丛数不超过2~3丛),于施药后第5天开始,5~10天查1次,查到发病丛、株、叶数大量增加,气候又适宜发病时,同类型田块应立即补治1次。

十、综合防治

水稻白叶枯病发生的特点是病菌来源广、传播途径多、侵染时间长、情况比较复杂，依靠单一的防治方法，不易取得成效，必须因地制宜，实行预防为主、综合防治方法。防治白叶枯病应以选用抗病良种为基础，杜绝病菌来源为前提，秧田防治为关键，肥水管理为重点，抓住初发病期关键环节，及时做好施药预防，有效控制病情扩散流行危害。

（一）农业防治

1.选用抗病良种

利用品种抗病性防治白叶枯病，是经济有效切实可行的办法。首先，选育抗病优良品种。应广泛收集品种资源，加强抗源筛选，研究抗病性遗传和菌系变化的规律，做好亲本选配工作。浙江省农业科学院病毒学与生物技术研究所通过多年研究，从现有的广谱抗病突变体材料中，利用高通量测序、HRM标记等新技术辅助进行图位克隆，从疣粒野生稻中克隆抗白叶枯病相关新基因。根据白叶枯病的发病情况，优先克隆对变异小种具有抗性的材料，综合利用水稻基因芯片、双向电泳技术和荧光叶绿素成像等新技术手段对水稻抗病及抗病性退化的机理进行研究。与育种家联合将抗病基因转入优势水稻品种，用于抗病新种质的创制，获得"雪珍""寒香""寒珍"3个抗病新品种，申请农业部新品种保护。其次，推广抗病或耐病品种。因地制宜选用推广抗耐病品种，如杂交稻协优914、协优5968、Ⅱ优培九等，及时淘汰高感病品种。

2.清除病菌来源，加强秧田保护

(1)种子检验与消毒处理。开展病情普查划定病区，保护无病区。无病稻区不任意从病区引进稻种。引种时要严格进行种子检验。应建立无病留种田，以彻底杜绝种子传病。如种子带菌，要进行种子消毒处理，可选用80%抗菌剂402(乙蒜素)或25%施保克(咪鲜胺)乳油2 000倍浸种，早稻浸48小时，晚稻浸24小时，杂交水稻间歇浸种24小时。然后用清水洗净催芽播种。

(2)妥善处理病稻草。重病田稻草因尽先处理，如做肥料，宜采用高温堆肥或草塘沤制，促使充分腐熟。应避免直接还田；不用病草催芽、覆盖秧板，避免病菌扩散。

(3)培育无病壮秧。尽量采用旱育秧或半旱育秧。秧田应选择在地势较高、排灌方便、远离晒场稻草堆的无病田，中、晚稻秧田应尽量分片集中，不与早稻病田插花，预防传染。秧田整地要平整、起畦，做到不积水。开好排水沟，防止大水淹苗。根据秧田病情检查及预测，在发病区及时做好秧田3叶期和移栽前施药保护，严防秧苗期受染。

3.加强肥水管理

(1)健全排灌系统,搞好水浆管理。首先结合农田水利、粮食生产功能区建设,平整土地,修筑圩堤,治理河渠,实现沟渠配套,排灌分开,增强排涝防洪能力,建立旱涝保收高产稳产防病农田。在此基础上,切实抓好科学用水。水既能防病也能控病,适时适度进行烤(搁)田,对控制病情尤其重要。要做到浅水勤灌,干干湿湿,严防深灌、串灌、漫灌和大水涝淹传播病害。

(2)科学施用肥料。合理施肥才能夺高产,但用肥不当又是诱发病害的重要因素,特别是重施迟施氮肥致病重减产。做好平稳施肥,施足基肥,早施追肥,巧施穗肥;适施氮肥,增施磷钾肥,促使前期稻苗早发、中期不脱肥、后期青秀健壮,增强植株抗病力。

(二)药剂防治

根据病情预测预报,抓住发病初期,特别是对晚稻秧田及早、晚稻孕穗期前后如遇洪涝和台风暴雨过后,立即施药防治,控制病害的发生蔓延和危害。

1.主要药剂防治试验结果

浙江省桐庐县植保站和温岭市植保站2013—2014年对噻菌铜、噻唑锌、噻森铜、氯溴异氰尿酸等5种药剂进行了田间防治白叶枯病的试验,防病与保产效果见表10至表14。

桐庐县药剂试验结果,于水稻白叶枯病初病期施药

1次，药后7天以20%噻唑锌SC100mL/667m²、20%叶枯唑WP100g/667m²、20%噻森铜SC100ml/667m²的防效较好，病情指数防效分别为31.4%～39.2%、15.8%～21.7%和12.5%～36.5%；药后14天以20%噻菌铜SC100ml/667m²、20%叶枯唑WP100g/667m²、20%噻唑锌SC100ml/667m²的防效较好，病情指数防效分别为18.3%、13.8%～26.8%和10.5%～14.0%。20%噻菌铜SC100ml/667m²在伤口期、初病期、激增期3个时期施用1次，以在伤口期病菌侵入前施药1次防效为最佳，药后7天病情指数防效达90.5%，药后21天2次用药比单次的病情指数防效提高19.9%。20%噻唑锌SC100ml/667m²、20%噻菌铜SC100ml/667m²、20%叶枯唑WP100g/667m²、20%噻森铜SC100ml/667m²在初病期防治白叶枯病1次对单季稻均有较好的保产效果，保产效果分别为23.9%～29.9%、21.0%、20.1%～22.3%和15.9%～18.0%。20%噻菌铜SC100ml/667m²以在伤口期病菌侵入前施药1次的保产效果最佳，达28.8%，其次在初病期施药1次，保产效果为21.0%；而在伤口期病菌侵入前与激增期、初病期与激增期用药2次的比单用1次的保产效果分别提高19.5%、17.1%，防病保产效果明显提高。

温岭市试验结果表明，在水稻白叶枯病初发期，20%噻森铜SC500倍、20%噻菌铜SC500倍防效较好，药后13天对白叶枯病两种菌种浙173和P6的防效基本一致，病情指数防效分别为63.84%~61.39%和62.83%~62.24%，药后22天防效差异扩大，P6菌种的防效分别为45.9%、45.1%，明显好于浙173的防效。

两地的试验结果表明，20%噻唑锌SC、20%噻菌铜SC、20%噻森铜SC等对白叶枯病具有较好的防病和保产效果，可在生产上推广应用。

表10　噻菌铜等5种药剂对水稻白叶枯病的防效(%)
（浙江桐庐，2013-2014）

处理	667m²使用量(g.ml)	药前基数			药后7天防效			药后14天防效		
		病株率	病叶率	病指	病株率	病叶率	病指	病株率	病叶率	病指
20%噻菌铜SC	100	56.29	19.56	4.89	29.48	23.83	7.45	10.39	16.71	18.26
20%噻唑锌SC	100	49.83	17.9	4.47	7.64	52.55	31.37	0	25.38	10.50
20%噻森铜SC	100	58.25	20.66	5.17	26.28	15.18	12.47	0	0	5.78
20%叶枯唑WP	100	62.38	23.35	5.83	36.87	32.32	15.78	0	29.48	13.76
50%氯溴异氰脲酸	50	49.97	18.44	4.61	41.91	35.07	6.90	0	10.15	0.63
CK		59.57	22.17	5.54	70.96	34.15	10.29	79.14	39.78	21.77

注：菌种为P6

表11　噻唑锌等4种药剂对水稻白叶枯病的防效(%)
（浙江桐庐，2013-2014）

处理	667m²使用量(g.ml)	药前基数			药后7天防效			药后14天防效		
		病株率	病叶率	病指	病株率	病叶率	病指	病株率	病叶率	病指
20%噻唑锌SC	100	27.97	8.11	2.03	29.13	33.33	39.23	0	4.54	13.98
20%噻森铜SC	100	39.81	12.38	3.09	41.35	40.83	36.54	33.44	26.86	26.26
20%叶枯唑WP	100	41.68	11.80	2.95	41.38	23.82	21.70	41.22	24.15	26.67
50%氯溴异氰尿酸	50	35.45	10.08	2.52	12.54	3.69	0.24	2.31	0	0
CK		34.98	10.59	2.65	69.48	28.59	8.88	81.13	33.90	17.78

注：菌种为浙173

表12 20%噻菌铜对水稻白叶枯病不同发病期的防效(%)

(浙江桐庐，2013-2014)

处理时期	8月20日病情			8月20日防效			8月27日防效			9月3日防效		
	病株率	病叶率	病指	病株	病叶	病指	病株	病叶	病指	病株	病叶	病指
伤口期(8月13日)	3.99	1.06	0.53	93.3	95.22	90.43	41.63	28.03	29.15	7.57	17.14	20.35
初病期(8月20日)	56.29	19.56	4.89				29.48	23.83	7.45	10.39	16.71	18.26
激增期(8月27日)	69.82	26.55	6.64				77.42	36.46	11.54	11.84	56.92	24.34
伤口期+激增期	7.05	1.8	0.45	88.17	91.88	91.88	20.9	38.48	40.91	14.51	32.23	40.24
初病期+激增期	52.41	17.46	4.37				40.02	61.74	16.2	18.1	47.72	33.92
CK	59.57	22.17	5.54				70.96	34.15	10.29	79.14	39.78	21.77

注：菌种为P6

表13 噻森铜等3种药剂对水稻白叶枯病P6菌种的防效(%)

(浙江温岭，2013-2014)

处理	初病期		药后13天			药后22天		
	病叶率	病指	病叶率	病指	病指防效	病叶率	病指	病指防效
50%氯溴异氰脲酸WP1 000倍	6.94	1.74	73.1	25.60	1.16	89.20	63.40	0
20%噻森铜SC500倍	1.83	0.46	31.6	10.00	61.39	80.20	26.40	45.90
20%噻菌铜SC500倍	2.24	0.56	27.2	9.78	62.24	78.70	26.00	45.10
CK	4.07	1.02	48.5	25.90	—	68.30	48.80	—

表14　噻森铜等3种药剂对水稻白叶枯病浙173菌种的防效(％)

(浙江温岭，2013—2014)

处　　理	初病期		药后13天			药后22天		
	病叶率	病指	病叶率	病指	病指防效	病叶率	病指	病指防效
50%氯溴异氰脲酸WP1 000倍	2.45	0.61	37.90	10.70	0	58.90	21.70	0
20%噻森铜SC500倍	2.25	0.56	9.98	2.86	63.84	28.60	9.47	1.76
20%噻菌铜SC500倍	0.54	0.14	10.30	2.94	62.83	22.10	7.97	17.30
CK	3.19	0.80	23.10	7.91	—	27.90	9.64	—

2.防治药剂种类和使用方法

(1)噻唑锌。

①曾用名：无。

②作用特点：为噻唑类有机锌杀菌剂，兼有保护和内吸治疗作用，既有噻唑基团对细菌的独特防效，又有锌离子对真菌、细菌的优良防治作用。

③毒性：对人畜低毒。

④防治对象：对多种作物的细菌性病害有较好的防治效果，在水稻上主要用于防治白叶枯病、细菌性条斑病等细菌性病害。

⑤使用方法：防治水稻白叶枯病、细菌性条斑病，每667m^{2}用20%噻唑锌悬浮剂100～125mL，兑水50kg，于发病初期均匀喷雾；过7～10天，可视病情发展和天气酌情再施药1次。对已发病的田块，台风、暴雨过后要及时施药。

⑥注意事项：本药剂应在病害发生初期使用。使用时，先用少量水将药剂搅拌成母液，然后兑水稀释。施药方式以弥雾最好。不可与碱性农药混用。本品应贮存在阴凉、干燥处，不得与食品、饲料一起存放，避免儿童接触。

(2)噻菌铜。

①曾用名：龙克菌。

②作用特点：为一种高效、低毒、安全的噻唑类杀菌剂，具有内吸治疗和保护作用，对细菌性病害有很好的防效。

③毒性：对高等动物低毒。制剂对皮肤、眼有轻度刺激。对鱼类、鸟类、蚕低毒。

④防治对象：对多种作物的细菌性病害和部分真菌性病害有较好的防治效果，在水稻上主要用于防治白叶枯病、细菌性条斑病等细菌性病害。

⑤使用方法：防治水稻白叶枯病、细菌性条斑病、细菌性褐斑病，每亩(1亩≈667m^2。全书同)用20%噻菌铜悬浮剂100mL，对水50kg，于发病初期均匀喷雾；过7～10天，可视病情发展和天气酌情再施药1次。对已发病的田块，台风、暴雨过后要及时施药。

⑥注意事项：本品应掌握发病初期使用，采用喷雾或弥雾。使用时，先用少量水将药剂搅拌成母液，然后对水稀释。不能与碱性药物混用。

(3)噻森铜。

①曾用名：无。

②作用特点：为噻唑类有机铜杀菌剂，兼具保护和内吸性，既有噻唑基团对细菌性病害的独特防效，又具有铜离子对真菌、细菌性病害的优良防治效果。

③毒性：对人畜低毒。

④防治对象：对水稻、蔬菜等多种作物的细菌性病害和部分真菌性病害有较好的防治效果，在水稻上主要用于防治白叶枯病、细菌性条斑病等细菌性病害。

⑤使用方法：防治水稻白叶枯病、细菌性条斑病等病害，每亩用20%噻森铜悬浮剂100~125mL，对水50kg，于发病初期均匀喷雾；过7~10天，可视病情发展和天气酌情再施药1次。对已发病的田块，台风、暴雨过后要及时施药。

⑥注意事项：水稻最后一次用药应不少于收获前14天。不能直接与强碱性农药混用。施药时注意保护，避免吸入药液。施药后应及时洗手和脸及暴露的皮肤。本品无特效解毒剂，如发生中毒，携此标签就医，对症下药。

(4)氯溴异氰脲酸。

①曾用名：灭菌成、金消康。

②作用特点：氯溴异氰脲酸在作物表面逐渐释放次溴酸，次溴酸具很强的杀菌能力。氯溴异氰脲酸具内吸传导作用，对真菌、细菌和病毒均有杀灭作用。

③毒性：对人毒性低，但对眼睛有刺激性。

④防治对象：在水稻上主要用于防治水稻白叶枯病、细菌性条斑病等细菌性病害，也可作为防治条纹叶枯病、

黑条矮缩病等水稻病毒病的辅助药剂。

⑤使用方法：防治水稻白叶枯病、细菌性条斑病等细菌性病害，每667m²用50%氯溴异氰脲酸水溶性粉剂40~60g，对水50kg，于水稻发病初见时，均匀喷雾。

⑥注意事项：贮存于干燥阴凉处，防止受潮。不能直接与其他农药混用。施药时注意保护，防止药液接触眼睛。

附录一 稻白叶枯病测报参考资料

(一)稻白叶枯病症状的诊断

典型的白叶枯病症状较易识别；在田间普查时，有些生理性枯死的叶片与白叶枯病症状相似，可用以下方法进一步诊断。

1. 显微镜检查

在叶片的病健交界处，切下一小块($0.5cm^2$)，放在载玻片上的水滴中，加盖玻片，轻压挤出气泡，立即放在显微镜下观察。叶片切口处如有大量细菌流出，就是白叶枯病。

2. 田间玻片检查

切取小块病叶放在载玻片上的水滴中，再加一块载玻片用力夹紧，挤出气泡，对光照看，如有白云雾状混浊物从叶片切口处溢出，即为白叶枯病。

3. 保湿检查

取培养皿或茶杯一个，内盛清洁河沙一层，并加水湿润，切取病叶一段，约6.6cm，下端插入砂中，上端外露，保湿24小时，如上端切口处有黄色菌脓溢出，即为白叶枯病。

(二)噬菌体检验法

1. 种子检验

用随机取样法选取种子2.5~10g(包括种谷)，脱下谷壳并剪碎(或磨碎),加无菌水(或蒸馏水)10~100mL,浸泡(稍研磨)30分钟以上,过滤后分别吸取滤液0.1、1、1mL,分放在3个灭菌的培养皿中,各加1mL新鲜而浓的白叶枯病病菌的纯培养悬浮液,迅速摇匀后,放在25~27℃的恒温箱中培养12~15小时后,观察记载溶菌斑的数目,每个品种样本要重复测定一次。

2.秧苗(叶)的检验

摘取稻苗20~50株或可疑病叶10~20片,洗净后剪碎,加50~100mL无菌水浸泡,过滤后测定(方法同上)。

3.田水的测定

田水样品在清晨(或雨后)到排水口采集。每块样田取水100~200mL,经沉淀或过滤后,吸取水液测定(方法同上)。

早期,每个培养皿中加水样1~2mL测定;后期(气温30℃以上)由于水中噬菌体数量增多,故取0.1~0.5mL测定。若夏天田水杂菌太多,污染严重,影响观察,可在样品水液中加少量(1/10)的氯仿消毒(取水液5mL,加氯仿0.5mL,加塞摇1分钟,静置15分钟),分层后,吸取上层清液测定。烈日曝晒和喷洒农药以后,噬菌体数目会减少,不要在下午或喷过农药以后采样。

注意事项:

(1)测定用器皿均需消毒(高温高压消毒或煮沸15分钟),以防污染混杂。

(2)测定用细菌悬浮液要新鲜,最好用斜面培养3~7

天的菌种；液体静置培养达15天以上的斜面菌种不宜作测定用。

(3)每个培养皿倒入培养基的数量不要超过10mL，固体培养基中琼脂的含量以1.5%为宜。

(三)病情分级标准

1.病情严重度分级(图7)

0级　无病；

1级　病斑面积为叶面积的1/5以下；

2级　病斑面积为叶面积的1/3以下；

3级　病斑面积为叶面积的1/2以下；

4级　病斑面积为叶面积的3/5以上。

2.病情普遍率分级：为全田范围目测分级

0级　无病；

1级　零星发病或有中心病团；

2级　发病面积占总面积的1/4左右；

3级　发病面积占总面积的1/2以上；

4级　发病面积占总面积的3/4以上。

3.目测病情严重度分级：为发病范围内目测分级

1级(轻)　病叶少，有零星病斑；

2级(中)　半数叶片发病，枯死叶片占1/3；

3级(重)　叶片几乎全部发病，枯死叶片占2/3以上。

4. 大田发病普遍程度分级（浙江）：根据发病面积分7级

　　0级　　无病；

　　1级　　零星发病或有较少的发病中心；

　　2级　　发病面积占总面积的1/10左右；

　　3级　　发病面积占总面积的1/4左右；

　　4级　　发病面积占总面积的1/2左右；

　　5级　　发病面积占总面积的3/4左右；

　　6级　　全田发病。

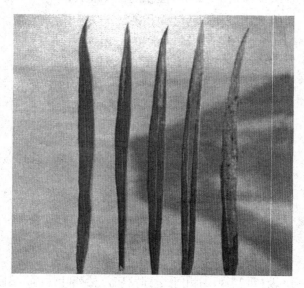

图7　白叶枯病病情分级

（从左至右分别为0级（健叶）、1级、2级、3级、4级）

（四）病害发生流行程度分级标准

1. 病害流行预测指标（全国农作物病虫测报站）

轻发生　发病面积占水稻面积5%以下，损失率10%以下；

中发生　发病面积占水稻面积5%～10%，损失率10%～20%；

重发生　发病面积占水稻面积10%以上，损失率20%以上。

2. 稻白叶枯病发生程度标准（浙江）（表15）

表15　水稻白叶枯病发生程度标准

项　　目	轻	中	重
发生面积（%）	>20	5～20	<5
损失率（%）	>10	1～10	<1

附录二　水稻细菌性病害症状识别与防治表

病害名称	症状识别	发病特点	防治方法
白叶枯病（图8）	症状主要有叶枯型、凋萎型、黄叶型。(1)叶枯型。病菌从水孔侵入，病斑从叶尖或叶缘开始，起初出现暗绿色线状短斑，以后沿两边蔓延扩展，形成边缘有波状纹的长条状病斑（2)凋萎型。常在秧苗移栽后3～4天内发生，先见一、二叶片开始凋萎，继之发展到各叶，最后整株甚至全丛凋萎，失水枯死。拔起病株在茎部用手压之，可见黄色菌脓溢出（3)黄叶型。病株较老叶片颜色正常，新出叶则呈现均匀褪绿色或呈现黄色或黄绿色宽条斑，生长受抑制	病菌主要在稻种、稻草上越冬，可从根部或基部的微小创口侵染，也可以从叶片的伤口或水孔侵染。新病区以带菌种子、老病区以带菌稻草为初侵染。25～30℃是发病最适温度，日照不足和多雨有利于发病，较大暴风雨可引起水稻白叶枯病暴发	实施检验检疫，禁止随意调运种子。选育抗、耐病良种，进行种子消毒，培育无病壮秧，妥善处理病草，严防秧田受涝。根据测报，重点做好初发病期药剂防治，可选用①20%噻唑锌悬浮剂100～125mL/667m²；②20%噻菌铜悬浮剂100mL/667m²；③20%噻森铜悬浮剂100～125mL/667m²，若发病较重，可每隔7～15天防治一次；④50%氯溴异氰尿酸可溶性粉剂40～60g/667m²，在第一次施药后每隔3～7天再施1～2次；⑤1.8%辛菌胺醋酸盐水剂2 500～3 700倍液，加水35～40kg喷雾；⑥45%代森铵水剂50mL/667m²，每隔7～10天再喷一次，用药3～4次

续表

病害名称	症状识别	发病特点	防治方法
细菌性条斑病 (图9、图10)	主要为害叶片，有时也为害叶鞘，在秧苗期即可出现典型的条斑型症状。通过气孔进入叶肉，病斑发生在叶脉间，初为暗绿色水渍状小斑点，扩展后受叶脉限制，形成暗绿色条斑，对光呈透明状，以后变黄褐色略带湿润状态的条斑，两端仍暗绿色，病斑表面常分泌许多黄色菌脓	病菌依附在病稻种、稻草和自生稻上越冬，成为初侵染源。主要从气孔或伤口侵入，田间病株病斑上溢出的菌脓，经风、雨、露等传播，进行再侵染，引起病害蔓延。在无病区主要通过带菌种子传入。农事操作也起传播作用。条斑病发生流行程度取决于水稻品种的抗病性、气候条件和栽培措施等	种植抗病性强的品种，播种前用8%强氯精300～400倍液浸种消毒，防止涝害。施肥要适量，避免中期过量偏施氮肥。田间一旦发病，及时用化学药剂防治：选用20%噻菌铜悬浮剂125～160mL/667m^2；或20%噻唑锌悬浮剂100～125mL/667m^2；或噻森铜悬浮剂100～125mL/667m^{2}进行喷雾

病害名称	症状识别	发病特点	防治方法
细菌性基腐病（图11）	从分蘖期到穗期均可发病，发病植株的茎基部先是变褐，到后来会变黑腐烂，极易拔断，腐烂部位有恶臭味 （1）分蘖期发病的水稻病株，最初是心叶青卷，之后心叶枯黄，基部开始变褐腐烂 （2）圆秆拔节期发病时，近水面的叶鞘边缘为褐色、叶片中间有长条形的青灰色病斑，叶片自下而上逐渐变黄 （3）孕穗期以后发病，病株先失水青枯，有的病株会出现青枯死苗现象，一部分植株形成枯孕穗、半枯穗或枯穗，病株基部腐烂的部位加大，并伴随有少量倒生根	病菌在病稻草、病残体上越冬，可从受伤的根、茎和叶鞘侵入，但以根系侵入为主，也可在种子萌芽过程中侵入。另外，远距离调运水稻种子，气候条件，水稻品种之间的差异，偏施氮肥，病菌沿灌渠随水流传播，秧苗素质、移栽方式等因素均可导致该病传播与发生	以防为主，选用抗病品种是防治最为有效的方法，重点做好种子处理，培育壮秧，加强水肥管理，播种前用80%抗菌剂402（乙蒜素）2 000倍液浸种。必要时开展药剂防治：每667m²用20%噻菌铜悬浮剂或20%噻唑锌悬浮剂或20%噻森铜悬浮剂100～125mL/667m²或农用链霉素可溶性粉剂15g，加水40～50kg喷雾，隔5～7d再喷1次，喷药时田间最好排干水，以提高药效

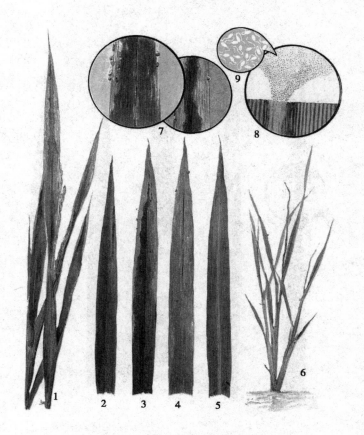

图8　水稻白叶枯病

1.病株，2.病叶初期，3.粳稻病叶，4.籼稻病叶，5.中脉型，
6.枯心型，7.细菌溢脓，8.病部细菌溢出状，9.病原细菌

图9　水稻白叶枯病及细菌性条斑病

水稻白叶枯病：1.粳稻病叶及其病部上细菌溢脓，2.籼稻病叶，3.病原细菌从病部溢
出，4.杆状细菌；水稻细菌性条斑病：5.病叶及其病斑上的细菌溢脓

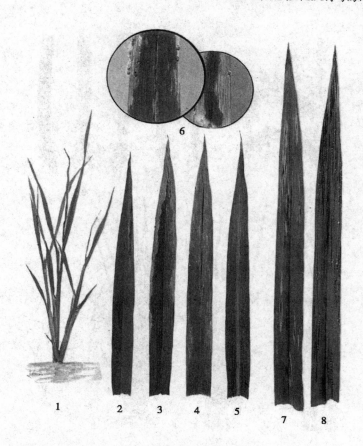

图10 水稻白叶枯病及细菌性条斑病

水稻白叶枯病：1.枯心型，2.病叶初期，3.粳稻病叶，4.籼稻病叶，5.中脉型，
6.细菌溢脓；水稻细菌性条斑病：7.病叶前期，8.病叶后期

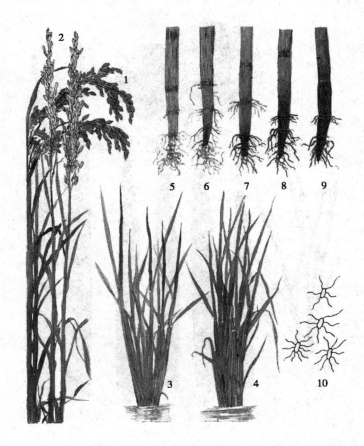

图11 水稻细菌性基腐病

1.健穗，2.枯穗，3.分蘖期假枯心，4.孕穗期枯死株，
5.健株茎基部，6~9.不同为害程度的茎基部，10.病原细菌

参考文献

[1] 中国农作物病虫害编辑委员会.中国农作物病虫害[M].
北京：中国农业出版社，1979：13-27.

[2] 浙江农业大学.农业植物病理学[M].上海：上海科学
技术出版社，1978：50-66.

[3] 全国农业技术推广服务中心.农作物病虫害专业化统
防统治手册[M].北京：中国农业出版社，2011：107-
109.

[4] 张左生.粮油作物病虫鼠害预测预报[M].上海：上海
科学技术出版社，1995：14-21.

[5] 王华弟.粮食作物病虫害测报与防治[M].北京：中国
科学技术出版社，2005：52-60.

[6] 陶荣祥，陈建明，廖琴.水稻病虫害田间手册：病虫害
鉴别与抗性鉴定[M].北京：中国农业科学技术出版社，
2006：5.

[7] 翟文学，朱立煌.水稻白叶枯病抗性基因的研究与分子
育种[J].生物工程进展，1999，19(6)：9-14.

[8] 章琦.水稻白叶枯病抗性基因鉴定进展及其利用[J].中国水稻科学，2005，19(5):453-459.

[9] 谭光轩，任翔，翁清妹，等.药用野生稻转育后代一个抗白叶枯病新基因的定位[J].遗传学报，2004，31(7):724-729.

[10] 谭震波，章琦，朱立煌，等.水稻抗白叶枯病基因Xa14在分子标记连锁图上的定位[J].遗传，1998，20(6):30-33.

[11] 阮辉辉，严成其，陈剑平，等.水稻抗白叶枯病基因的鉴定、定位和克隆进展[J].生物技术通讯，2008(19):363-367.

[12] 王凤云，周红军.水稻白叶枯病的发生与防治[J].现代农业科技，2007，(23):90-92.

[13] 王汉荣，谢关林，金立新，等.浙江水稻白叶枯病菌菌系的动态及分布[J].浙江农业科学，1995，(5):262-263.

[14] 王春莲，章琦，周永力，等.我国长江以南地区水稻白叶枯病原菌遗传多样性分析[J].中国水稻科学，2001，15(2):131-136.

[15] 尹爱平，殷武，王建凤，等.水稻白叶枯病的发病条件与综合防治[J].植物保护，2007，(23):98.

[16] 田玉华，苗书耀，邵富晓.水稻主要病虫害发生及综防技术[J].河南农业，2010(9):48，54.

[17] 田波，李卫.水稻白叶枯病病原菌的培养[J].现代农药，2003(4)：7-8.

[18] 刘文平，吴宪，王继春，等.水稻白叶枯病致病性基因研究进展[J].黑龙江农业科学，2014，(6):140-144.

[19] 刘凤权，许志刚，粟寒.模糊优选识别模型在杂交稻白叶枯病中期预报中的应用[J].西南农业大学学报.1998，20(5):414-418.

[20] 庄永勤，汪雨成，周加华，等.水稻白叶枯病的发生及其综合防治技术[J].安徽农学通报，2007，13(8):179.

[21] 许志刚，刘凤权，沈秀萍，等.水稻白叶枯病和条斑病的流行与预测(综述)[J].西南农业大学学报，1998，20(5)：567-571.

[22] 许志刚，孙启明，刘凤权，等.水稻白叶枯病菌小种分化的监测[J].中国水稻科学，2004，18(5):469-472.

[23] 孙茂林，严位中.水稻白叶枯病秧苗期侵染的初步研究[J].云南农业科技，1982(3):3-6.

[24] 孙恢鸿.我国水稻白叶枯病菌致病力分化研究[J].植物保护，2003，29(3):5-8.

[25] 孙俊铭，马方中，邢春生.中稻白叶枯病流行程度分段预报方法研究[J].安徽农业大学学报，2000，27(2):122-125.

水稻白叶枯病监测预报与综合防治 *Shuidao Baiyekubing Jiance Yubao Yu / Zonghe Fangzhi*

[26] 孙俊铭，邢春生.利用气候因素预测水稻白叶枯病流行程度研究[J].安徽农业大学学报.1998，25(3):244-247.

[27] 成家壮.防治水稻白叶枯病药剂的研究[J].世界农药，2008，30(5)：13-15.

[28] 邢家华，何荣林，张纯标，等.20%噻森铜悬浮剂对水稻白叶枯病和细菌性条斑病的田间防效[J].浙江农业科学，2007(5)：567-568.

[29] 朱翠萍，许新华.20%龙克菌悬浮剂防治水稻白叶枯病药效试验[J].安徽农业科学，2000(4)：472-473.

[30] 何元强.水稻白叶枯病的研究进展[J].广西农学报，2004(6):1-4

[31] 李仲惺.水稻白叶枯病局部重发生状态下的防控对策探讨[J].中国植保导刊，2014(3):28-30.

[32] 张纯标，梁帝允，王体祥，等.新颖杀菌剂-噻森铜[J].世界农药，2007，29(2):53-54.

[33] 陈其志，谢本贵，刘明贤，等.江陵稻区水稻白叶枯病发生程度预测模型[J].湖北农业科学，1999(6):37-38.

[34] 杨定斌，钱汉良，高家明，等.噬菌体技术在江汉稻区水稻白叶枯病预测上的应用[J].植物保护学报，1996，23(1):34-37.

[35] 吴冠清，陈观浩.晚稻白叶枯病流行程度的通径分析

066

及预测模型[J].湖北植保，2009(4)：19-20.

[36] 张桂芬，程红梅，鲁传涛，等.水稻白叶枯病防治技术研究[J].植物保护学报，1998，25(4):296-298.

[37] 翁锦屏，谢关林，诸葛根樟.浙江省水稻白叶枯病病菌区系分布及其分化的研究[J].浙江农业科学，1985(2):70-76.

[38] 黄看治.水稻白叶枯病与细菌性条斑病的区别与防治[J].福建农业，2010(4)：32.

[39] 魏方林，朱国念，戴金贵，等.创制农药噻唑锌对水稻细菌性病害的田间药效[J].农药，2007，46(12)：810-811.

[40] Aldrick S J, Buddenhagen I W, ReddyA P K. The occurrence of bacterial leaf blight in wild and cultivated rice in Northern Australia[J]. *Australia Journal of Agricultural Research*, 1973, 24:219-227.

[41] Awoden V A,Johu V T.Occurrence of bacterial leaf blight on rice in four Sahelian countries：Senegal,Mali,Niger,Upper Volta[J].*Warda News*, 1984,5(1)：36-39.

[42] Chithrashree C, Udayashankar A C, Chandra N S, et al. Plant growth-promoting rhizobacteria mediate induced systemic resistance in rice against

bacterial leaf blight caused by *Xanthomonas oryzae* pv. *oryzae*[J]. *Biological Control*, 2011, 59(2)：114-122.

[43] He Q, Li D, Zhu Y, et al. Fine mapping of Xa2, a bacterialblight resistance gene in rice[J]. Mol Breeding, 2006,17(1):1-6.

[44] Horino O, Ezuka A. A simple screening method for bacterial leaf blight resistance of rice varieties derived from Wase Aikoku 3 [J]. Proc Assoc Plant Prot. 1973, 21：29-32.

[45] Kauffman H E, Reddy A P K, Hsich S P Y, et al. An improved technique for evaluating resistance to rice varieties of *Xanthomonas oryae* [J]. Plant Dis. Rep.1973, 57：537-541.

[46] Khush G S, Angeles E R. A new gene for resistance to race 6 ofbacterial blight in rice, *Oryza sativa* L[J]. Rice Genet Newsl, 1999,16:92-93.

[47] Kinoshita T. Report of the committee on gene symbolization,nomenclature and linkage groups[J]. Rice Genet Newsl, 1995,2:9-153.

[48] Koch M F, Mew T W. Effects of plant age and leaf maturity on the quantitative resistance of

rice cult ivars to Xanthomonas campestris pv. oryzae [J]. Plant Dis., 1991, 75: 901-904.

[49] Lee K S, Rasabandit H S, Angeles E R, et al. Inheritance of resistance to bacterial blight in 21 cultivars of rice[J]. Phytopathology, 2003,93(2):147-152.

[50] Lozano JC. Identification of bacterial leaf blight in rice caused by *Xanthomonas oryzae* in America [J]. Plant Dis Rep, 1977, 61:644-648.

[51] Mew T W, Vera Cruz C M, Reyes R C. Characterization of resistance in rice to bacterial blight [J].Ann Phytopathol Soc Jpn. 1981, 47: 58-67.

[52] Noda T, Ohuchi A. A new pathogenic race of *Xanthomonascampestris* pv. *oryzae* and inheritance of resistance of differentialrice variety, Tetep to it[J]. Ann Phytopathol Soc Jpn, 1989,55:201-207.

[53] Ogawa T. Methods and strategy for monitoring race dist ribution andidentification of resistance genes to bacterial leaf blight (*Xanthomonas compestris* pv. *oryzae*) in rice[J]. J A RQ, 1993,27(2):71-80.

[54] Ogawa T, Lin L, Tabien R E, et al. A new recessive gene for resistance to bacterial blight of rice [J]. Rice Genet Newsl, 1987,4:98−100.

[55] Ogawa T, Yamamoto T. Resistance gene of rice cultivar, *Asominorito* bacterial blight of rice[J]. Jpn J Breeding, 1989,39(suppl 1):196−197.

[56] Yamamoto T, Ogawa T. Inheritance of resistance in rice cultivars,Toyonishiki, Milyang23 and IR24 to *Myanmar isolates* of bacterial leaf blight pat hogen[J]. J A RQ, 1990,24:74−77.

[57] Reimers P J, Leach J E. Racespecific resistance to *Xanthomonas oryzae* pv. *oryzae* conferred by bacterial blight resistance gene Xa−10 in rice (*Oryzae sativa*) involves accumulation of a lignin like substance in host tissues[J]. Physiol. Mol. Plant Pathol. 1991, 38: 39−55.

[58] Taura S, Ogawa T, Tabien R E, et al. The specific reaction of Taizhung Native to Philippine races of bacterial blight and in heritance of resistance to race 5 (PXO 112)[J]. Rice Genet Newsl,1987,4:101−102.

[59] Taura S, Ogawa T, Tabien R E, et al. Resistance gene of ricecultivar, Taichung

Native to Philippines races of bacterial blightpathogens[J]. Jpn J Breed, 1992,42:195-201.

[60] Yamanuki S, K Nakanura, M Kayano. First occurrence of rice bacterial leaf blight of rice in Hokkaido[J]. Ann Phytopathol Soc Jpn, 1962, 27: 264.

[61] Yan C Q, Qian K X, Xue G P, et al. Production of bacterial blight resistant lines from somatic hybirdization between *Oryza sativa* L. and *Oryza meyeriana* L[J]. Journal of Zhejiang University Science, 2004, 5(10) : 1199-1205.

[62] Yan C Q, Qian K X, Yan Q S, et al. Use of asymmetric somatic hybirdization for transfer of the bacterial blight resistance trait from *Oryza meyeriana* L. to *O. sativa* L. ssp. *japonica*[J]. Plant Cell Reports, 2004, 22(8) : 569-575.

[63] Yoshimura S, Yamanouchi U, Kurata N, et al. Identification ofa YAC clone carrying the Xa1 allele, a bacterial blight resistancegene in rice[J]. Theor Appl Genet, 1996,93:117-122.

[64] Yu C L,Yan S P,Wang C C,et al. Pathogenesis-related proteins in somatic

hybrid rice induced by bacterial blight[J]. Phytochemistry, 2008, 69(10):1 989—1 996.

[65] Zhou Y, Uzokwe V N E, Zhang C, et al.Improvement of bacterial blight resistance of hybrid rice in China using the Xa23 gene derived from wild rice (*Oryza rufipogon*) [J]. Crop Protection, 2011, 30(6) : 637—644.